kauluwehi

JUN HASEGAWA

kauluwehi

【カウルヴェヒ】

自然に恵まれたみずみずしい場所、またその様子をさす言葉。

英語でいう“the”にあたる“ka”と、

「青々と茂った」、「みずみずしい」というニュアンスを意味する

“uluwehi”から成る。

ハワイ島の“ワイピオ渓谷”などがその代表。

たぶん４歳の頃、家族で行った島のどこかの滝の前で。

6月に生まれたから、英語のJUNEの響きをとってJUN。日本語にすると、〝潤う〟という一文字で、長谷川潤。

この私の名前から、仕事で出逢ったハワイアンのおじいさんがつけてくれたハワイ語のミドルネームが〝ｋａｕｌｕｗｅｈｉ〟。ロコにとってハワイアンネームは、しかるべき人につけてもらうものとされ、プライドにもなるもの。だから、私もいつかきっとつけてもらえたらと、ずっと憧れ続けてきた。

そうして授かった〝ｋａｕｌｕｗｅｈｉ〟という名前は、ハワイアンソングにもよく出てくるほど、ロマンティックな響きで、ハワイ島でももっとも神聖な場所とされている緑豊かな〝ワイピオ渓谷〟などを指す言葉。それを自分の名前として持てるなんて、本当に誇らしいこと。

だからこそ爽やかで心地よく、いつも凛としたたたずまいで。〝ｋａｕｌｕｗｅｈｉ〟という名前に負けない、みずみずしい女性になろうと思う。

I was literally
a monkey when
I was a kid. I'd
climb anything &
everything. I
hated wearing shoes, but
for some reason
I loved barbies.
I think that kid is
still in me... -JUN

by

by

火山の噴火でできたハワイ諸島——。カウアイ島、オアフ島、マウイ島などと並ぶハワイ8島の一つで、中でもいちばん大きな島がビッグアイランド、ハワイ島。私が育ったこの島は、〝トロピカルハワイ〟という響きの持つ一般的なイメージとはまた違ったところ。青い海とともに、火山やジャングルや川などのディープな大自然に包まれた島だ。日本に来て「ハワイ島出身です」と言うと、すぐに海の話になることが多いけれど、そんなわけで私は山の子。小さい頃の遊び場は、家の周りのジャングル。木が、草花が、雨が、すべて遊びの道具となっていた野生児だった。

そんな私が、なぜか大都会、東京へ。モデルとなって、こうしてハワイ島を紹介する日がくるなんて!! うれしいけれど、なんだか不思議な気持ち。この本を通じて、みなさんにハワイ島を伝えたい。

オアフ島が人口 90 万人くらいなのに対して、こちら、いちばん大きいビッグアイランドは、17 万人ちょっとの島。西側が比較的華やかなコナ。東側が私が住んでいた側の、ヒロになります。

根っこがルートビアの匂いがする草。自然はほんとにおもしろい。

子供の頃に遊びながら見つけた根元がおいしい草。

甘い花の蜜は、小さい頃のちょっとしたおやつ。

食べられそうなものを見ると
ついつい……。
こんなところもサル並み!!

FREE FOOD!

小さい頃の私はまるでサル。いつも真っ黒に日焼けしていて（特に膝はすごかった）、落ち着きがなくて、いつもキャンキャン騒いでいて、泣いたり怒ったり踊ったり歌ったり。そして靴が嫌いで、よく木に登る!! よく言えば元気な子。悪く言えば、いわゆる〝ウザイ〟子。

デパートで欲しいものを買ってもらえないとひっくり返って泣く子、ああいう感じ。「こうしたい」って思いついたら、かなりしつこくつきまとって、思い通りにならないと腕を組んでふくれっ面。イタズラだって大好きだから、廊下の壁をスパイダーのように手と足をつかって登って、天井に隠れてみんなをおどかしてみたり。とにかくやんちゃだった子供時代。

お母さんの話だと、赤ちゃんのときは耳に毛が生えていて本当におサルさんみたいだったとか……。ちゃんと人間になれて、本当によかった（笑）。

バナナの林の前で。

ヒロの近くにある、実家の近所にて（この撮影のあと、実家はすぐに引っ越したらしいけれど）。

小さい頃とっても楽しみにしていたのは、ハワイ島には年に1～2回しか来ない、移動遊園地。この撮影で訪れたとき、偶然この光景に出会えたのは、ハワイ島からの贈り物のような気がした。

私にとってだれが親かと聞かれたら、兵庫県に住むおじいちゃんとおばあちゃんの顔を思い出す。
お母さんは私が3歳のときに、お父さんと離婚した。そしてすぐに再婚。
しかし不思議なことに、私には2番目のお父さんの記憶があまりない。その人が怠け者だったせいで、彼の存在意義を一度も感じることがなかったからだと思う。
お母さんひとりの収入が主だった私の家は、あまりお金がなかった。ヒロから離れたグレンウッドというところにある、ヒッピーが集まるエリアに住み、水はタンクを持って公園に汲みに行く生活。ファストフード店に行けば、99セントメニューの中から選ぶことも多く、飲み物はオーダーせずに水をもらうというのが習慣だった。
そんな生活をセンシティブな子供が、何とも思わないわけがない。よく人と自分を比べては「どうしてウチは!!」「あの子

と同じにして」と、いろんな思いを込め、お母さんを責めたものだ。

そうして私が求めたのは、おじいちゃんとおばあちゃんの存在。夏休みになると必ずお金をだして、私を日本に呼び寄せてくれる2人が、私の心のよりどころだった。そこでおじいちゃんにワンピースを買ってもらい、書道教室をやっているおばあちゃんについていき、行儀や態度など、厳しくいろんなことをしつけられることに子供心にも愛情を感じた。そしていつからか、2人が私の親という存在になっていた。

その後また離婚をし、新しいパートナーを得て、やっと幸せになったお母さんとは、大人になっていろんなことが理解できるにつれ、女同士、とてもいい関係に。いろいろと問題はあったけれど、頑張って育ててくれたのもお母さんだし、いつも応援してくれていたのもお母さん。今はお母さんにも、あらためて「ありがとう」と伝えたい。

思い出の場所を訪ねてみた。
小学校4年まで育ったグレンウッドという田舎町。今回この場所を訪れたのは、ここを離れて以来、一度も来たことがなかったことを思い出したから。ほんの思いつきだったはず。
しかし、グレンウッドへ向かうボルケーノハイウェイを走るうち、まるでタイムマシンに乗ったみたいな不思議な感覚になった。「この道を、毎日ヒロの学校や器械体操の練習へと、お母さんが送り迎えしてくれたっけ」「家に帰るとジャングルの中を、ポポとディディ、2匹の黒のシェパードが迎えに来てくれたな」と、そんな記憶がよみがえってきた。
結局、前の家にはたどり着けなかったけれど、

日用品を買いに行ったり、遠足用のお弁当を頼んだりと、なにかにつけて利用していたグレンウッド唯一のお店〝ヒラノストア〟へ。そこには、ガソリンスタンドの機械こそなくなっていたものの、店先のベンチ、タバコや飲み物の看板、冷蔵庫など、ほとんど前と変わらないたたずまいと時間が流れていて、気づくと忘れていた思いが涙とともにあふれてしまっていた。

そう、決して裕福でもなく、なんにもないこの場所での生活に嫌気がさして、友達と自分を比べて親を責めたこともあったけれど。でも、裸足でゴムの木に登ってジャングルを眺め、満天の星空を当たり前だと思っていたあの頃……。やっぱり、楽しかったな。

お母さんと。

たぶん日本で。
兵庫のおじいちゃんの
好きなワンピースを着て。

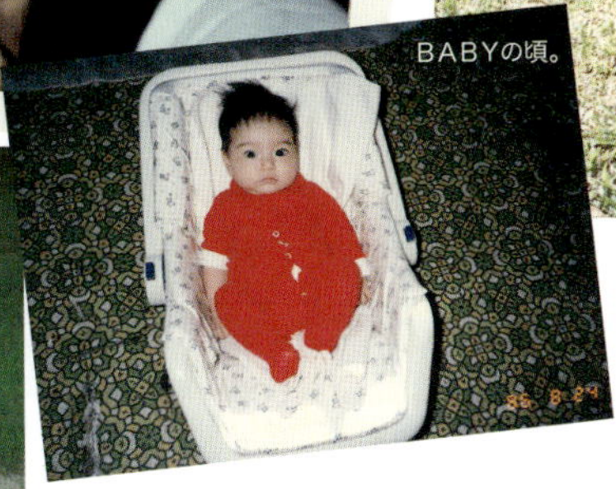

BABYの頃。

雨に濡れて
遊ぶのが大好き。

There was a time when my
↓ dream was to be in the olympics.

毎年夏は日本へ。
フライトアテンダント
に憧れてた頃。

この日はメダルを持ってポーズ。

器械体操の大会で6位。不満。

はじめてのビキニ。……ひどい。

← This has to be one of my sexiest pictures! I mean, look at those abs!

7歳の誕生会。私が主役。

マウナケアにて。

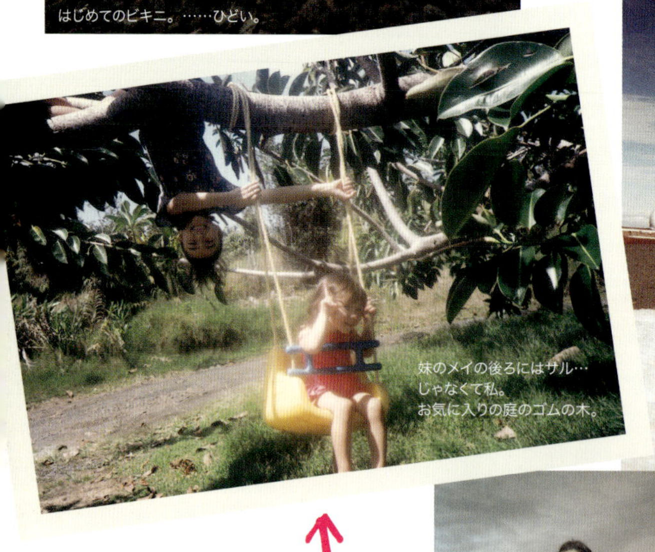

妹のメイの後ろにはサル…
じゃなくて私。
お気に入りの庭のゴムの木。

↑

This rubber tree was my favorite tree to climb on. I'd climb it EVERY day!

ハロウィン。
魔女の扮装だけど、
ポーズはオバケ!?

ハワイ島ノアジ ❶

ITSU'Sの “アイスシェイブ”

カキ氷のことを誰もが“アイスシェイブ”と言うのかと思ったら、オアフやほかのハワイの島では“シェイブアイス”。“アイスシェイブ”というのはハワイ島だけの呼び名らしい。で、私がハワイ島に帰ると立ち寄るのがここITSU'S。好きなフレーバーはリーヒンムイ（甘酸っぱい梅の味）とリリコイ（ハワイのパッションフルーツ）。ハワイ島の太陽の下で食べるカキ氷は、また格別です。

1or2フレーバーをチョイスして、$1.50。エキストラでアイスクリームやあずきなどをトッピングすることもできる。

★ITSU'S 810 Piilani St.

ハワイ島ノアジ ❷

ベイフロント前の“ラウラウ”

タロイモの葉で肉や魚を、ホロホロになるまで蒸し焼きにした伝統料理“ラウラウ”。それと、ハワイのサラダの定番“ロミロミサーモン”など、ハワイアンフードがワンプレートで味わえるランチワゴンがここ。ハワイ島に帰ると必ず、しかも場合によっては連日行ってしまうほどの、私のお気に入り。ちなみにラウラウは、葉っぱごと食べるのが、ハワイ流です。

ヒロのファーマーズマーケットの近くにある、ベイフロントというビーチの前に唯一設置を許されたランチワゴン。教会が資金集めのために運営しているため名前は不明。黄色い垂れ幕に大きく書かれた“ONO(おいしい) HAWAIIAN FOOD”の文字が目印です。

This was my high school mascot
KINGS
Hilo High → the funnest year of my Life!
I hardly remember studying but I remember going to the beach a lot. Fun & Friends were everything.

HOME OF THE
VI

私が1年間だけを過ごしたヒロにある高校のグラウンド。ここに来て思い出すのは、高1の時3年生の男の子に2週間で失恋したこと。友達カップルと4人、車でいろんなところに遊びに行った

りして、とても楽しかったのに、前の日だって仲良くしていたのに、突然「さよなら」って。今思うと、きっと私がはしゃぎ過ぎたり子供だったりで、イヤだったんだろうな。うん、わかる。

でも、もしモデルにならずに、あのままハワイ島で高校生活を送っていたら？　多くの友達と同じように卒業後すぐに結婚、すでに子供がいたり!?　それとも大学に通ってフライトアテンダントなんか目指しちゃったり!?　ん〜、それはそれで楽しそう。

そう考えると日本に来ることとハワイ島に残ること、どちらが幸せな選択だったのかは、人生が終わってみないとわからないけれど……。日本に来て新しい世界を知ったことは私の財産。今はもっともっといろんな世界を見てみたい。

ハワイっ子、〝ロコ〟。ロコは本当にプライドが高い。オアフ、マウイなどそれぞれの島にそれぞれの価値観のロコがいると思うし、ハワイ島の中でも、その気質はコナとヒロのエリアによってまったく違うほど。

まず「オレたちアメリカンじゃないよ」というのが前提にあって、さらにヒロなら「コナよりこっちのほうがずっとハワイ島らしい」「ヒロの青空はコナには負けない」と、とにかく身びいき。それに、若い子になると見かけも大切で、ブロンドで目がブルーだったりすると、ハワイっぽいイメージから遠いことから、ロコになりにくい。ところが〝ピジョン〟と呼ばれるハワイ訛（なま）りが上手だったり、やんちゃだったりすると、いきなり仲間になれちゃったりする。とにかく〝ハワイらしさ〟を大切にする世界。

私はどうかって？　私もやっぱり、魂はロコ。

HAWAII
136 HDB
ALOHA STATE

撮影の途中に出逢った格闘家軍団。見るからに“ロコ”。

CHAMPION

キラウエア火山をいまだ真っ赤に流れる溶岩
マウナケアの星空に、ひっきりなしに流れる流れ星
まるでバケツをひっくりかえしたみたいに
突然屋根をたたきつける、ヒロのスコール
そして雨の後、青くなった空に気まぐれに現れる
七色のレインボー……
すべてがハワイ島に住んでいた頃は、当たり前だと思っていた景色
でも今は、すべてが愛おしく、輝いて見えています
こんなにも地球が生きていることを間近に感じる場所は
そうないんじゃないかな
美しくて力強くて、神秘的な島
ここで育ったことが、なによりも誇りです

テスト撮影で撮ったポラロイドに載せたのは、
今まさに流れている溶岩の表面に浮かんだ“泡”が
風に吹かれて飛んで固まったもの。
ハワイ島では、そんな大地の営みを
身近に感じることができるのです。

"MAUNA KEA"

This is one thing I want everyone to experience.

標高4205m
潤、自慢のマウナケアに登る

夕陽待ちにスタッフと。
私は"A"を担当。

5

1

6

2

7

3

8

4

1&2. ヒロを出発して、まずはマウナケアへの中継地点オニヅカセンターへ。3. ハワイ出身の宇宙飛行士、故オニヅカさんを記念して建てられた施設で休憩。高山病を予防するためにここで1時間。4. コレも高山病の予防。水をたくさん摂ります。5. さらに上へとスタート。6&7. 空気もうすく、雲もこんなに近くに。8. 気圧のせいでチップスの袋もパンパン。

9.標高 4205mのマウナケア、いよいよ山頂。こちらは日本が誇る“すばる展望台”をはじめとする各国の展望台。10&11. 冬は雪が積もるほど（ヒロの街からも見える!!)、夏だって5℃くらい。ハワイなのに寒い。12. 世界一高い場所にあるトイレ。13&14. いよいよサンセット！　15. 標高 4205mの側転。16. 何度来ても感動する美しさ！　ハワイ島に来たら絶対見てほしい、自慢の景色です。

360度、火山がつくった見渡す限りの大地。

一分、一秒ごとに、表情を変える目の前の夕陽。

地球が太陽系の惑星だとあらためて思う瞬間。

日が落ちてまもなく一瞬見える、大気に青く映った地球の影。

天気のいい日には数分おきに流れ星に遭遇する、マウナケアから見た星空。

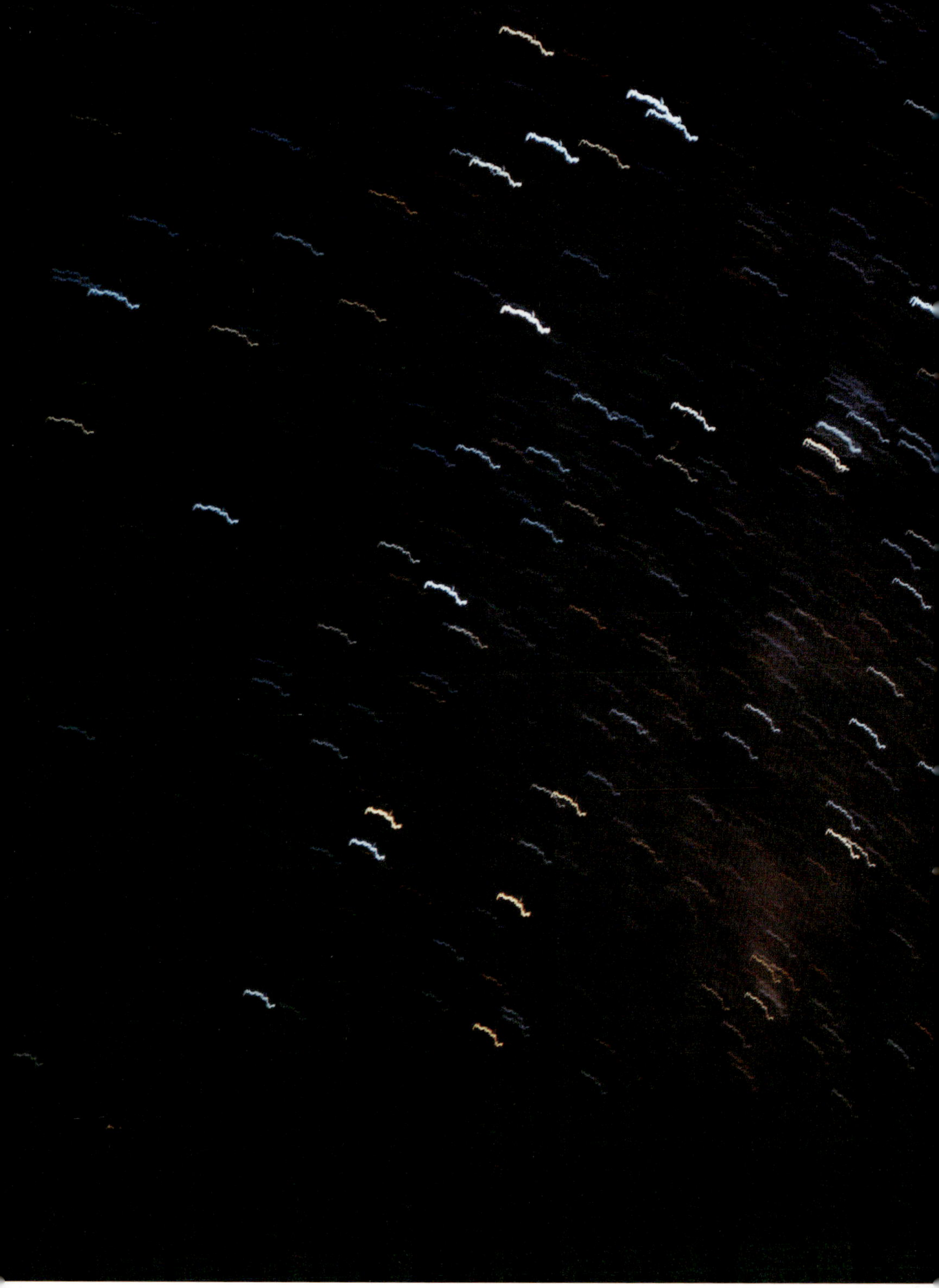

star bright,
I see tonight,
wish I might
I wish tonight

上に書いたのは、一番星を見たときにとなえたり、お母さんが子守唄のように子供に聞かせる、マザーグースの子供のためのポエム。ハワイの子なら、ほとんどが知っているもの。

私の場合、いつもなにかと神頼み系。もちろんこのポエムのように、一番星にもお祈りするし、流れ星にも願い事をする。そして、いちばん依存してきたのは、私の中の自分だけの神様。

私はその神様に小さい頃から、なにかにつけてすぐに頼ってきた。たとえば、「お母さんがお菓子を買ってくれますように」にはじまって、思春期になると、眠る前に好きな子に会いたくなって「ここに○○くんをつれてきて

Star light, the first star I wish I may, I have the wish

ください!!」なんて、叶うわけのないことを本気でお願いした。

また時には、私は神様と賭けもしていた。「ここからあそこまで跳べなかったら1ドルはらいます」とか、くだらないことなんだけど、ついつい。そして負けると枕の下に1ドル札を入れ、もちろんなくならない1ドルに、「神様だからお金はとらないんだ」と勝手な解釈をしたもの。

そんな願いグセは、今も直っていない。マウナケアで見た流れ星にも、もちろん願い事をしたし、私の中の神様にもときどき……。果たしてその効果があるかどうかはわからないけれど、神様とは今もなお仲良くしている。

JAL

JAL

日本発のハワイ便は決まって夜。一日を東京ですごし、夕方に成田へ。空港内でゴハンを食べてゆっくりと免税店をみて、飛行機に乗る。窓からの夜景を眺めながら、今から帰るハワイ島のことを考える。その雰囲気がたまらなく私は好き。

ハワイ島を離れてまる7年。東京の生活も、はじめの悪戦苦闘ぶりがうそのように、今では、まるであたりまえのことのようになってきた。でも、やっぱり年に数回の里帰りは、心が躍る。

ハワイ島での私の時間は、あの場所を離れた14歳のときから止まったまま。だから、昔からの友達に会うと、私はちょっと子供っぽい。くだらないことを話して、泣いて、よく笑う。恒例の家族とのキャンプのときも同じ。いちばんに子供に戻って大いにはしゃぐ。それが何よりも、自分へのご褒美。そう、それがあるから、いつだって私は頑張れる。

JAPAN

JAL
608

ピザハットの“バッフェ”

ヒロのＫＴＡというスーパーの敷地内にあるピザハットは思い出のお店。小学校の頃、“学校の図書館の本を○冊読んだらピザを１枚あげます”というようなキャンペーンがあって、一生懸命本を読んで小さなピザをもらいに行っていたところ。なぜって私、昔からピザが大好き！　しかもハワイ（アメリカ）のピザハットのピザ。これだけは日本の食べ物に負けない自信があるくらい！　今でもピザハットに行くと、食べ放題のバッフェまたは、パン生地の“スーパーシュープリーム”かなんかを１枚ペロリ。だってハワイのピザって、本当においしいんだから！

オススメの分厚いパン生地のピザのほか、生地は薄いものとトラディショナルという中間のものもあります。ベイクドシナモンスティックも美味!!

■ Pizza Hut Puainako
50 E Puainako St.102 Hilo, HI 96720

ハワイ島ノアジ ❹

WHATS SHAKIN'の"スムージー"

"ハワイ・トロピカル・ボタニカルガーデン"という植物園の近くにあるスムージー屋さんは、フレッシュなフルーツをつかった知る人ぞ知る人気店。私のオススメは、ピーナツバターとバナナ、チョコが入った"Peanut Broddah"と、ストロベリーとバナナと林檎ジュースなどをベースにした"Onomea Sunrise"。可愛いハワイアン小物も売っています。

■ **WHATS SHAKIN'** 27-999 Old Mamalahoa Hwy. Pepeekeo,Hawaii 96783

ハワイ島ノアジ ❺

KTAの"ポケ"

マグロやタコなど魚介類を醤油などであえたハワイアンフードがポケ。これは長谷川家的には、スーパーで買うのがいちばんおいしいという結論。

■ **KTA** 688 Kinoole St. Hilo,HI 96720

ハワイ島ノアジ ❻

NORI'Sの"サイミン"

ラーメンふうのハワイのローカルヌードル"サイミン"が味わえるお店。ここのお餅のような蒸しパン"モチケーキ"も大好き。夜遅くまでやっているので便利です。

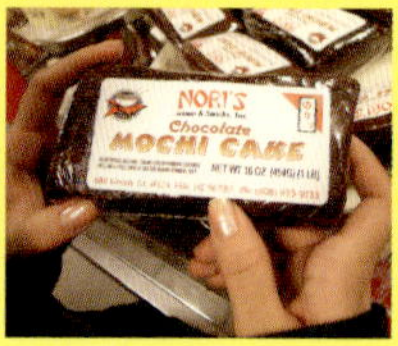

■ **NORI'S** 688 Kinoole St. Hilo, HI 96720

ME
July
April
Aloha

This is my 'Ohana'

長女の私、次女がジュリー、3女がエイプリル。女だけの3姉妹。私とジュリーが6つ違いで、ジュリーとエイプリルが1つ違い。そんなちょっとしたジェネレーションギャップのせいで、小さい頃はいつも私が1で妹たちが2の、1対2。果敢に向かってくるイタズラ好きの妹たちに、私は一年の90パーセントはムカついていたし、妹たちだって、2人でつるんでばかりいたから、あまり打ち解けることもないまま、私はモデルの道を選び、離れてしまった気がしていた。それが最近、妹たちが可愛くってしかたない。私も妹たちも大人になってきて、恋の話なんかもできるようになり、仲のいい女同士という雰囲気に。洋服をあげたり東京を案内してあげたりと、それだけでとっても幸せ！

これから先、それぞれが結婚して子供ができて、クリスマスに実家に集まるようになったら、もっともっと楽しくなるんだろうな。子供たちも仲良くなって、もっともっと賑やかになって……。

私なんか実家を離れて、さらにありがたみがわかったし、やっぱり家族ってスゴいと思う。ケンカしても、一年近く会わなくても、切っても切れない特別な関係。家族ってほんとに素晴らしい！

ハワイ島の自宅で。

左から、お母さんのパートナーのパトリック、お母さん、私、エイプリル。
ジュリーは今、兵庫県のおじいちゃんとおばあちゃんの家に居候中。

Me and Mom

Local food
Jun's cooking lesson #1

ハワイのお家でみんなが作っている、
簡単レシピを紹介。

ロコスタイルポップコーン

〈材料〉ポップコーンの素、バター、海苔ふりかけ、おかき

市販のポップコーンの素（バター味じゃないほうがベター）をレンジやフライパンではじけさせたら、熱いうちに溶かしバターをからめ、醤油味の小さなおかき、海苔ふりかけを混ぜ合わせれば出来上がり。いろんな文化が混ざり合ったハワイならではの食べ方。かなりおいしいです！

スパムむすび

〈材料〉スパム、ごはん、海苔、海苔ふりかけ、醤油、みりん

できれば“スパムむすびの型”（日本でもスーパーによっては手に入る）をつかい、海苔巻きの要領で、海苔の上にごはんをしき、スパムを並べる部分に海苔ふりかけをかける。軽くフライパンで焼いて醤油とみりんで味をつけたスパムを横に並べて型で整えれば完成。ロコフードの定番です。

レンジでチン！ のポップコーン。簡単!! これでよいのだ。

いい感じでハジけてるもよう。

断面がきれいになるように、慎重に、慎重に。

コレがウワサのスパムむすびの型。奥にあるのは、焼いたスパム。

HILO
FARME
MARKET

スパムむすびにマラサダなど、ランチにぴったりのものもいろいろ。私は“ハウピア”というハワイ風ココナツプリンを買い食い。さっぱりした甘さです。

ヒロのダウンタウンにあるファーマーズマーケットは、地元の人の台所であり、お土産にも最適な手ごろな小物も手に入る場所。水曜日と土曜日に開催。

ハワイ島を愛するあまり、熱心に勉強をしてツアーガイドとなったお母さんのおかげで、ハワイ島にまつわる神話や文化に触れられるのは、私にとってとても貴重なこと。彼女といると、星ひとつにしても、草花ひとつにしても、ハワイ島のすべてがとても興味深いものへと変えられてしまう。

たとえば、キラウエア火山の噴火は〝火の女神ペレ〟の感情の現れだという話。また溶岩の割れ目にも芽生え、赤い花を咲かせるオヒア・レフアという植物は、ペレによって引き裂かれたオヒアとレフアという恋人の結ばれたカタチだという話。そしてマウナケアにはペレも嫉妬するほどの美しい雪の女神ポリアフが住んでいるという話……。

それに、ハワイ固有種の植物にはトゲや毒のないものが多いという事実や、ハワイを統一したカメハメハ大王は、殺されそうになった幼少期にアヴィニという谷で保護されていたという逸話とか……。

ハワイ島のことをみんなに伝えようとする、お母さんのパッション。いつか私もそんなふうに夢中になれるものが見つかるといいな。

KAMEHAMEHA I

SANDWICHES

WHITE OR WHEAT FRENCH ROLL SWISS OR AMERICAN CHEESE .25 XTRA

ROAST BEEF	4.75	TUNA	4.25
MEATLOAF	4.75	B.L.T.	4.25
TURKEY	4.75	EGG SANDWICH	4.25
GRILLED CHEESE	2.95	VEGGIE SANDWICH	4.25
HAM	4.75	SHRIMP BOAT	5.50
HAM & EGG	4.95	CHICKEN BOAT	5.50
HAM & CHEESE	4.95	HOT DOG	2.55
BACON & EGG	4.95	CHILI DOG	4.95

TEX EXTRAS

FRENCH FRIES	1.75	BENTO	4.95
TATOR TOTS	1.75	KIDS SPECIAL Chicken Nuggets,Fries,Med. Drink	3.95
ONION RINGS	1.75	MANAPUA	1.75

DRINKS

SOFT DRINKS	1.20/1.45/1.65	MILK SHAKES (VANILLA,STRAWBERRY,CHOCOLATE)	3.50
		FLOATS 2.95 ICE CREAM	2.50
ORANGE SMOOTHIE	3.50	HOT CHOCOLATE	1.00 / 1.45
JUICE (ORANGE,PASSION-ORANGE)	2.50	KONA COFFEE	1.00 / 1.45
MILK .95 BOTTLE WATER 1.00		HOT TEA	1.00 / 1.45

(Left menu board, partially visible)

ACARONI OR TOSSED SALAD

F & FRIED CHICKEN	8.95
F & SHRIMP	8.95
& TERIYAKI BEEF	8.95
	8.95
	8.95
	9.95

R	3.25
ONION	
BURGER	4.95
UXE	4.95
H AHI BURGER	5.95
(DEEP FRIED COD)	4.25
R	4.95
RGER (WITH PINEAPPLE)	4.25

BAVARIAN CREME

CHOCOLATE CREME

STRAWBERRY

Thank you for not Smoking

ハワイ島ノアジ ❼

TEX Drive Inの"マラサダ"

器械体操の大会や特別な買い物でヒロからコナへ。そんなとき、小さい頃から必ず楽しみにしていたのが、途中にあるホノカアというところにある、このドライブインに立ち寄ること。お目当てはポルトガルからやって来た人が伝えたといわれる揚げパン"マラサダ"! お砂糖をまぶしたカリカリの外側に対して、中はふんわり、しかもそれが揚げたて‼ 久しぶりに食べたけど、やっぱりここのマラサダは、最高でした。

ホノカアといえば TEX Drive In ! というほどの有名店。おなかがすいていたら、マラサダの前に、チリをゴハンにのせたいわゆる丼"チリボウル"もオススメです。

■ **TEX Drive In**

45-690 Pakalana St. Honokaa, HI 96727

ハワイ島でビーチといえば、やはりコナ。だから家族でビーチへキャンプに行くのは決まってコナ。また、オリンピックを目指したほどに熱中していた器械体操の大会もコナで。そのたびに通る約2時間のヒロからコナへ向かう道、それが私は大好きだった。

ヒロの街を抜け出し、牧場が広がる緑の多いエリア、そのあと砂漠、そして溶岩地帯をぬけ、いよいよ海へ！　途中で一雨降れば、こうして虹に遭遇するなど、

飽きさせることなく景色を変える、そんなルート。
ときに後部座席からハンドルを持つお母さんのところに身を乗り出して、また、窓を全開にして風をいっぱいに浴び、調子っぱずれもお構いなしの大声で歌ったりしながら、何度となく通ったこの道。
東京で私がスピーディな生活にどっぷりと浸かっているときも、この景色たちはいつもこのままここにある。そして故郷は変わらずに、いつもあたたかく迎えてくれる。そう、変化や進化を遂げることだけがエラいわけじゃないんだ。こうして常に美しいたたずまいで、何も変わらないこと。これこそがいちばん難しくもあり、素晴らしいことなのかもしれない。

Yup, I'm a poser, a wanna be Surfer

SHOR

SHORTBUS
Dsquared

ハワイ生まれと言うとよく聞かれるのが「サーフィンしてたの?」という質問。ハワイ出身なら、波乗りくらいできるだろうと思っている人も多いらしい。でも、私に言わせれば、北海道の子はみんなス

キーができるのかぁ〜!? ということで、私の場合も答えはNo! でも、ハワイっ子じゃないんだって思われたらヤダなと思って、「小さい頃やってたよ」なんて、ウソをついたことがあったけれど(笑)。

前にも書いたように、私はどちらかというとジャングルの子、山の子。木登りはしていても、サーフィンは……というわけで、実のところ最近の日本のサーフブームに煽(あお)られて、一昨年くらいから、オアフ島に行ったりすると、チョコチョコと波に乗ってみたりしている。まだまだ、ロングボードでパチャパチャしている程度だけど、そんなわけで今は一応、私もサーファー、かな。

RVCA

And the journey begins!!

me, checking my nails.

Nice butt!

Yes!. woohoooo!.
I'm the coolest!!!

Jun's original
ballerina pose

Throw away your problems,
Throw away your worries,
Throw away your pride
and let nature do it's thang!

I did that on
purpose. I swear!

THE END...
To be continued

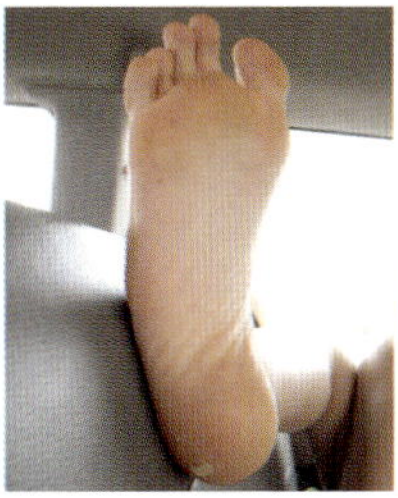

恋が終わった。

日本にやってきて、孤独だった私に、手をさしのべてくれた彼との、4年間。それまでは、つき合うといっても恋愛と呼ぶには稚拙（ちせつ）すぎる、学校の仲間同士のお遊びみたいなものしか経験したことがなかった私にとって、それはまさにはじめての恋愛であり、しかも大恋愛だった。

しかし、そんな恋も終わり、彼に感じるのは「ありがとう」という思い。まず、彼がいなければ、いつか負けてしまって、ハワイ島へ帰っていたかもしれない。それに、年上の彼と思いっきり背伸びしてつきあったことで、私もたくさん成長できた。そして何より、本当に楽しかった。

今はひとりになって、恋をしていたときにはあまりしようとしなかった、友達とのつきあいを深めたり、趣味を探してみたり、自分なりに新しい生活を楽しみはじめている。

だって、私は好きな人ができると、すぐに夢中になってほかのことが見えなくなる。その人に合わせすぎて自分を曲げてしまうから……。だからしばらくは、ひとり。シングルを楽しみたい。

ジュンノオススメ
ハワイ島ノオミヤゲ

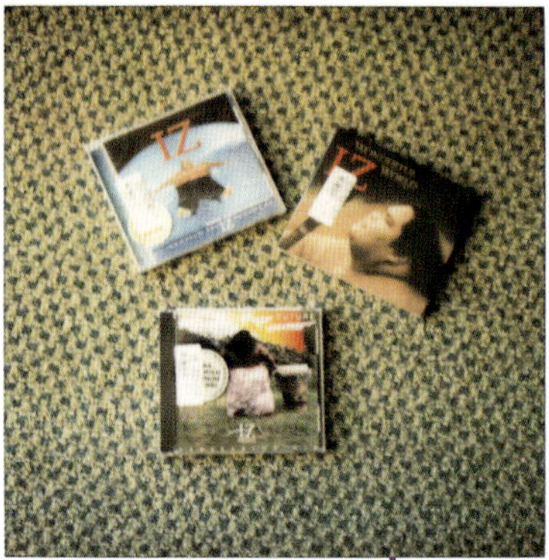

Israel Kamakawiwo'ole - The most well-respected Hawaiian artist. A very spiritual person.

ハワイアンのCDで何がオススメかと聞かれたらこの人。"イズラエル・カマカヴィヴォオレ"。亡くなった今も、ハワイではカリスマ的人気のシンガー。

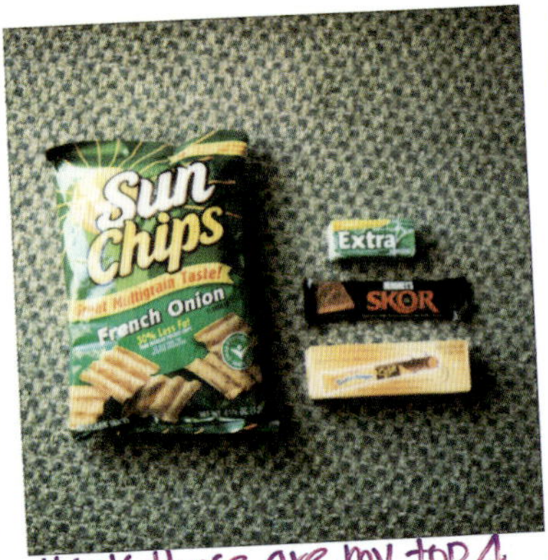

I think these are my top 4 favorite snacks. I always end up eating them all by the time I get to tokyo !!

日本のお菓子もおいしいけれど、ときどき恋しくなるのがアメリカのスナック。チップスやガムやチョコレートなど、だいたい帰りの飛行機の中で全部食べちゃいます。

Li hing mui gummy bears. one of my childhood favorites!

ハワイではポピュラーな "リーヒンムイ" という甘い乾燥梅味のお菓子たち。グミのほか、アラレやリーヒンパウダーまで、スーパーのお菓子売り場で入手可能。

The Big Island's very own Mauna Loa macadamia nuts!! Very tasty

I buy about 10〜15 cards each time I go back home. America has the best selections

“マウナロア” という山の名前がついた、ハワイ島土産の定番、マカダミアナッツ。このほか、ハワイ島のお土産としては “コナコーヒー” なども人気。

スーパーのカード売り場などで、毎回たくさん買うのがグリーティグカード。性別や年齢や用途、メッセージなど、細かく分かれていてユーモアもたっぷりなのが、アメリカのカードの魅力。

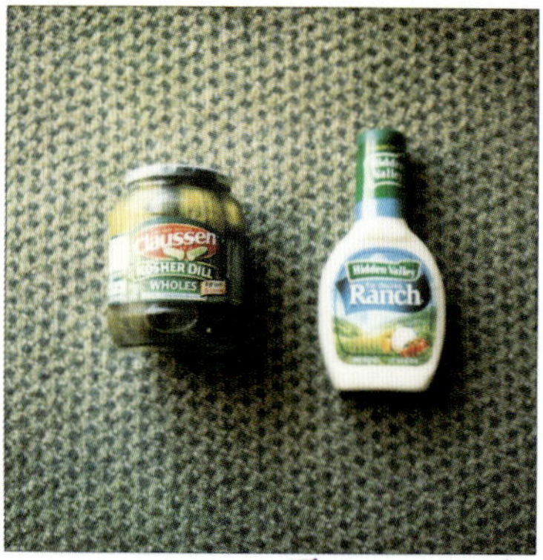

Claussen Pickles—These are the only pickles I can eat.
Ranch dressing—My favorite dressing

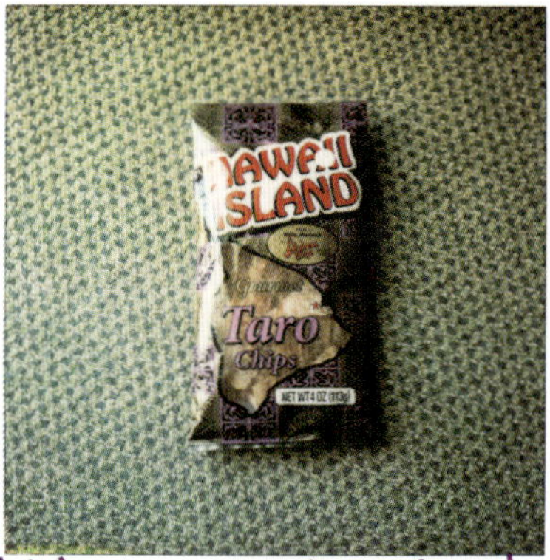

Hilo's very own Taro chips! REPRESENT!!

スーパーで必ず買うもの。左が私が唯一食べられるピクルス、生のままキュウリを漬けた “クロウセンピクルス”。右が、大好きな “ヒドゥンバレーのランチドレッシング”。

P83 の “WHATS SHAKIN'” で見つけた、ハワイ島の特産品、タロイモのチップス。繊維たっぷりのやさしい味は、食べだしたら止まらないほど。

昔から胸にはコンプレックスがある。大人になれば大きくなるのかなぁと思っていたけれど、いまだ大きな変化を遂げることはなく、小さいまま……（笑）。

そんな私がまだ小学生で、夏休みに兵庫県に住むおじいちゃん、おばあちゃんの家に預けられていたときのこと。おじいちゃんの運転する車の助手席にはおばあちゃん、後部座席には私が乗った。そのとき目についたのがティッシュペーパーのボックス。次の瞬間、ティッシュを取り出しては胸に詰め、バックミラーでカタチを確認してはまた詰め……。子供心にもグラマーなバストになりたくてティッシュを詰めまくったことがあった。今思うと、後ろでガサガサしているんだから、おじいちゃんもおばあちゃんも、きっと気づいていたに違いない。しかし、なんと声をかけたらいいのかわからなかったのだろう。厳しいおばあちゃんもあのときは無言だった……。

そんなふうに、胸に関しては恥ずかしい思い出がいっぱい。中学生のときは、セクシーなドレスを着たくて、胸の小さな親友クリスタとともに、分厚いパッドのブラを切ってドレスに縫い合わせて、パーティへと出かけた。もちろんクラスメートは目が点！　特にグラマーで有名な女の子に、「どうしたの、それ？」って突っこまれたときは、顔から火が出るほど、恥ずかしかったっけ。

そんな胸も、今では自分の個性と思えるようになった。もちろん大きくなれるならなりたいけれど、大きかったら私じゃない気もする。

乙女ゴコロは複雑なのだ。

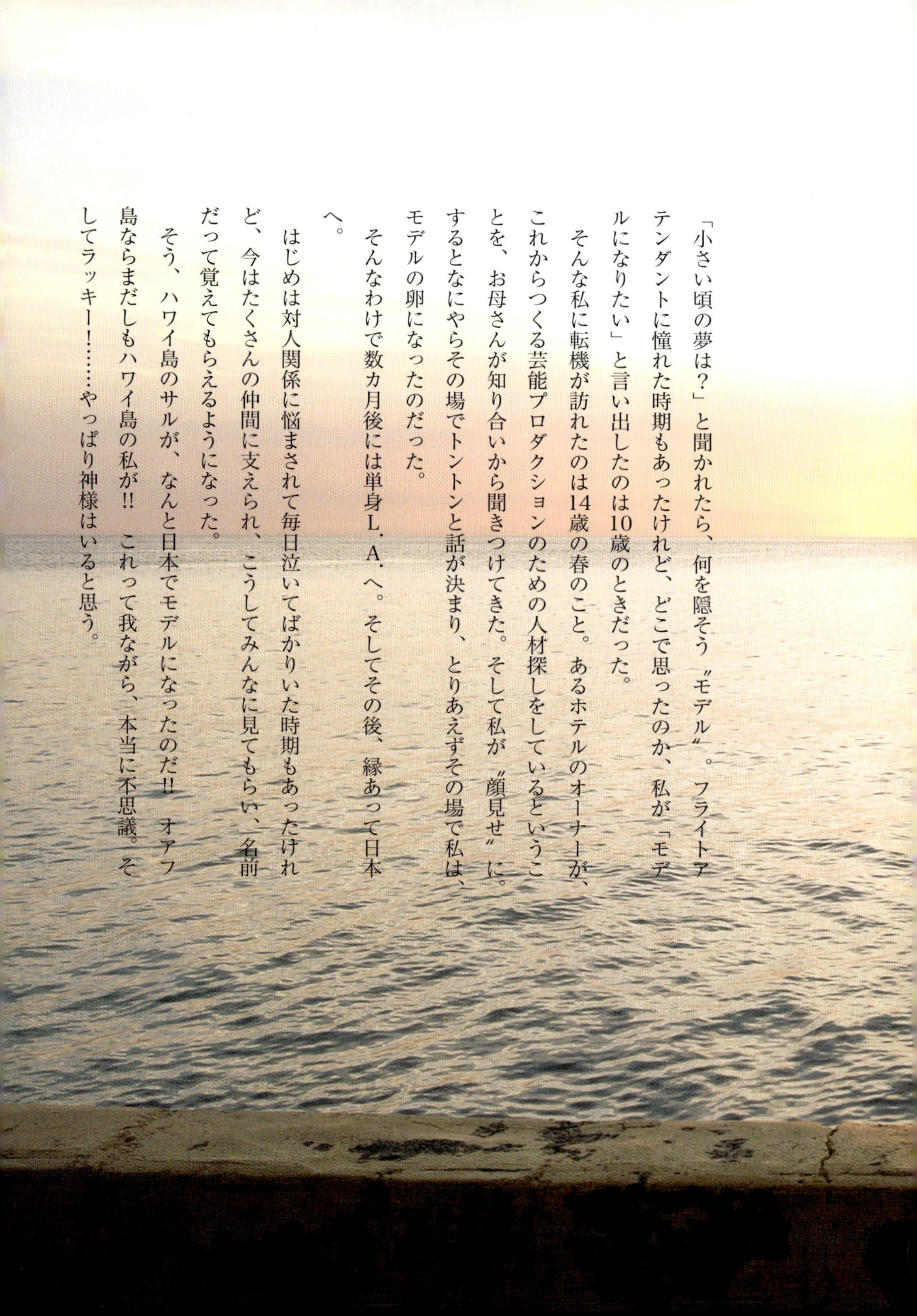

「小さい頃の夢は？」と聞かれたら、何を隠そう〝モデル〟。フライトアテンダントに憧れた時期もあったけれど、どこで思ったのか、私が「モデルになりたい」と言い出したのは10歳のときだった。

そんな私に転機が訪れたのは14歳の春のこと。あるホテルのオーナーが、これからつくる芸能プロダクションのための人材探しをしているということを、お母さんが知り合いから聞きつけてきた。そして私が〝顔見せ〟に。するとなにやらその場でトントンと話が決まり、とりあえずその場で私は、モデルの卵になったのだった。

そんなわけで数カ月後には単身L．A．へ。そしてその後、縁あって日本へ。

はじめは対人関係に悩まされて毎日泣いてばかりいた時期もあったけれど、今はたくさんの仲間に支えられ、こうしてみんなに見てもらい、名前だって覚えてもらえるようになった。

そう、ハワイ島のサルが、なんと日本でモデルになったのだ!!　オアフ島ならまだしもハワイ島の私が!!　これって我ながら、本当に不思議。そしてラッキー！……やっぱり神様はいると思う。

ハワイ島ノアジ ⑧

Kona International Airportの“ロコモコ”

ハワイ島から東京へ帰るときは、決まってワンクッション、何日かオアフ島へ寄って都会慣れして帰るのが、最近のパターン。そこで、コナ空港からオアフへ飛び立つときに必ず寄るのが、空港内のデパーチャーエリアにあるコーヒーショップ。ここでひとり、ゴハンを食べるのが、私の楽しみ。お目当てはハワイ島発祥ともいわれる“ロコモコ”！ ここのロコモコは、“空港のゴハン”というイメージを覆す、評判のおいしさ‼ おばさんが1人できりもりしていることが多く、ちょっと待つこともあるので、時間に余裕をもって、必ず寄りたいお店です。

ごはんの上にハンバーグ、目玉焼き、そしてグレービーソースがたっぷりかかったハワイの丼物が、“ロコモコ”。お好みでちょっと甘めの“アロハショウユ”をかけていただきます。

■ **Kona International Airport**
Kailua Kona, HI 96761

はじめてのフォトエッセイ。今まで振り返ることのなかった子供の頃や自分自身を見つめ直すために、ロケ地として選んだのは、私が育ったハワイ島。

こうしてあらためてこの島に自分の身を置いて気づくのは、見慣れた景色が、どんなに素晴らしいものだったかということ。そう、かつて私はいつもこの自然とともに生きてきたのだ。

東京の子が東京タワーに行かないのと同じで、私も子供の頃以来、マウナケアやボルケーノなどに行くこともなく、「田舎だし、することもない場所」と思ってきたところ。しかし、こうして真っ直ぐに向き合ってみると、たとえマウナケアなんかに行かなくても、ハワイ島ならではの火山がつくった大地と、雨と太

陽の恵みが降り注いでできた緑に囲まれた壮大な景色、眼の前にあるものがどんなに素晴らしいものかがわかる。

そんな私のリスペクトする気持ちを察してか、今回のロケは、本当に恵まれたものとなった気がする。雨の街ともいわれるヒロがほとんど快晴。そしてその分、移動中に雨が降り、ロケ地へ着くと鮮やかな虹が出ていたり。また、コナへ移動すると、年に数回しか来ない移動遊園地が偶然にも来ていたり……。

私の中で芽生えた「この場所へ恩返しをしなければ」という気持ちをあたたかく包み込んでくれるような、大きな力に支えられてできた、この本。これからも正直に、前向きに……。きっとこの本が、これからの私の大きな自信になると思う。

Artist : Jun Hasegawa

'Everything's temporary'. That's what my mom always says.
With that in my mind, i feel like i can conquer anything.
Enjoy the good while it lasts and know when the bad comes, it won't last forever.

Photograph : Fumiko Shibata(étrenne)
Text & Creative Direction : Himiko Nabeshima(LOVABLE)
Book Design : Kozue Muneno(La Chica)
Stylist : Keiko Miyazawa(D-CORD)
Hair & Make : Yusuke Kawakita(LOVABLE)
Artist Management : Madoka Yasumura(LDH)
Editor : Hideyuki Chihara(GENTOSHA)
Location Co-ordination : Koki Nishitani(Magic Island Productions)
Kumiko Hasegawa(Hawaii Nature Explorers)

< 衣装協力 >
Cher / LA☆CELEB / VIA BUS STOP / test.
TOCO PACIFIC / DIPTRICS / Pred P.R. / fruits de mer
BAROQUE JAPAN LIMITED / GDC TOKYO / UGLY / dual

kauluwehi 〔カウルヴェヒ〕

2008年2月25日　第1刷発行

著　者　長谷川 潤
発行者　見城 徹

発行所　株式会社 幻冬舎
〒151-0051 東京都渋谷区千駄ヶ谷4-9-7

電話　03(5411)6211(編集)
03(5411)6222(営業)
振替00120-8-767643

印刷・製本所　図書印刷株式会社

検印廃止

ISBN978-4-344-01465-7　C0095

< 協力 >
本書の撮影ロケは、
JALのコナ直行便を利用しました。
日本航空　http://www.jal.co.jp
JAL国際線のお問い合わせは、
以下の電話番号へ。
0120-25-5931（8時～20時）